未来能源
让世界动起来

探索月球
神秘而强大

神奇地球
奇园的家园

神秘机器人
人工智能和超级好帮手

第一辑·全10册

奇妙的人体
大自然的杰造

深海之谜
生机勃勃的黑暗国度

太空之旅
深入宇宙的探险

走进热带雨林
地球的绿色宝藏

第二辑·全10册

宇宙中的星体
打开探索宇宙的大门

伟大的发明
天才与灵感的杰作

神奇的火车
沿着铁轨通向未来

沙漠之旅
驼队、绿洲和无尽的远方

第三辑·全10册

显微镜探秘
肉眼看不见的微小世界

野生动物
从未被驯服的野性

奇趣萌宠
人类的好朋友

鸟类不简单
天空中的杂技演员

第四辑·全10册

神秘的古埃及
尼罗河畔的金色国度

印第安人
北美原住民

伟大的探险家
跟随他们的脚步，探索全世界

未来世界
一切都在变化之中

第五辑·全10册

蛇的故事
拥有敏锐感官的猎手

考古探秘
发掘历史的宝藏

马的生活
人类忠实的伙伴

舞蹈的魅力
合拍起舞

第六辑·全10册

生物质资源
植物动力引领未来

2023 NEW

石器时代
火的控制与使用

2023 NEW

第七辑·全8册

WAS IST WAS

学习源自好奇 科学改变

U0222107

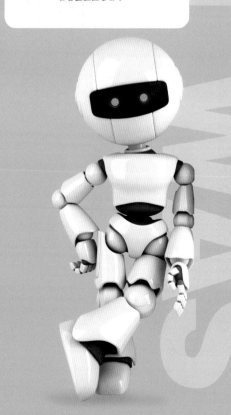

德国少年儿童百科知识全书

马的生活

人类忠实的伙伴

[德] 吉尔柯·贝林/著　　马佳欣　刘青/译

航空工业出版社

方便区分出
不同的主题!

真相
大搜查

20

夏尔马是体形最大
的马种之一,在这
里学到更多关于冷
血马的知识!

夏尔马
体 重: 可达1 500千克
体 高: 163~195厘米
原产地: 英国

4

照料一匹马的重中之重是
什么呢?一手的关键信息
就在这里!

9

始祖马生活在距今约5 000
万年前!小个头的始祖马是
所有马的祖先。

符号▶
代表内容特别有趣！

29

这么多斑点？这可能是一匹花斑马！
同时来认识一下黑马、白马、栗色马和其他各种马吧！

41

马背体操需要表演者骑着马表演，这可是
真正的团队合作！

重要名词解释！

我照料的马匹

每次来看艾尔·桑迪的时候我都会先清理马厩中的粪便。

清理粪便可是个体力活,因为粪便和装粪便的推车都很沉。

终于又到星期天啦! 我要去看艾尔·桑迪,它是一匹由我照料的纯种阿拉伯马。它以前经常参加耐力赛,最远跑过 120 千米。不过它现在已经退役了,尽管每天仍然会跑上两圈,却不再参加竞技项目了。今天天气不错,所以我可以骑会儿马。要骑马就要有马鞍和马衔,马的女主人会帮我给马装上。我们也亲昵地把艾尔·桑迪叫作"迪迪",如果迪迪每次都像今天这么乖巧,那我就敢放心地骑它了。可有时它跑得太快了,我害怕它受惊然后尥蹶子。它的确这么干过一次,那次我差点摔下来。不过今天一切都超级棒,它跑起来身子很稳,速度也适中。骑完马我轻声示意它停下,感谢它并跟它道别。现在这位"阿拉伯帅哥"可以回马厩休息了,下周我肯定还会再来的!

3

然后我会给马匹准备好夜间所需的新鲜稻草、干草料和混合饲料。

4

打招呼

艾尔·桑迪当然知道我什么时候来，它会在马厩入口处等着我。我们亲昵地蹭两下，然后我会给它套好马笼头。

5

接下来我把它带到清洁区拴好，再好好给它洗个澡。如果它像现在这样正处在脱毛期，我就会先把旧的毛发用钢刷刷下来，再用毛刷刷洗它。迪迪很喜欢这个过程，所以全程非常乖巧。这挺好的，要是它动来动去的话我会害怕。谢天谢地，我给它清理蹄子的时候，它也很听话。

野生的马匹，广阔的大地

目前，地球上真正的野生马已经极为稀有了。著名的北美野马在美洲广袤的大地上驰骋，可它们却不是真正的野生马，而是驯化后又回归野性的家养马。

德国的野马

直到今天，德国北莱茵－威斯特法伦州的迪尔门镇周边还生活着迪尔门野马。这种马出生在一片广阔但有围篱的区域内，在那里它们生活得自由自在、无拘无束。每年仅在 5 月份它们才会和人类打交道，那时，人们会把小马驹挑选出来卖给马贩子，以免它们的块头长得太大。

如今野马还生活在哪里呢？

非洲纳米比沙漠的边缘地带也生活着野马，它们是纳米比马。这种马可能起源于纯种的特拉肯纳马，一般是250～300 匹聚集成群生活在一起，因此纳米比野马的总量还是相当大的。与此相反，普氏野马就罕见多了。而普氏野马正是我们这个时代仅存下来的唯一一种真正的野马。它们能存活下来，主要依靠人工圈养。说不定你在动物园见过这种马，它长得与迪尔门野马有相似之处：都有浅棕色的皮毛。这两种马

还有一个非常突出的特征：它们腿上都有像斑马一样的条纹。这在现代赛马马种中是几乎见不到的，这样的标记也被称为"野性标记"。波兰的柯尼科马看起来和这两种野马长得很像，但它并不是野马。

白色的卡马尔格马！这种活得比较知足的马生活在法国南部罗讷河三角洲。

➡ 你知道吗？

北美野马起源于早先用来骑乘和载货的马种，它们的祖先是16世纪跟随移民来到美洲大陆的。如今，数千匹北美野马生活在美国。北美野马意志极为坚定，非常吃苦耐劳，在极度干旱的地区也能生存下来。

只有在猎区出生的马才是真正的迪尔门野马，其余的只能叫迪尔门马。

从灌木丛 到草原

斑马是马属动物。

所有的马都可以追溯到共同的祖先，而今天的马种已经经过了数百万年的进化。

小小草食动物

距今约 5 500 万年前，灌木丛中生活着一群始祖马（又名始新马或始马）。始祖马前肢有 4 趾，后肢有 3 趾，高约 45 厘米，大约只有现在的狐狸大小。这样小巧的身材能让它们在灌木丛中灵活地穿行，从而躲避敌人。始祖马的牙冠较低，齿尖为圆锥形，因而专家们推测，它们主要以矮树和灌木的嫩叶为食。随着时间的流逝，灌木丛退化成草原，现有马种的祖先也开始适应新的生活环境：它们的体形逐渐变大，食物从灌木的嫩叶变成了青草，牙齿也因此逐渐进化成现在的样子。

进化是如何继续的？

大约 4 000 万年前，始祖马的后代——渐新马出现了。渐新马不再过那种在灌木丛中东躲西藏的日子，而是在草原上自由地奔跑。体高约 60 厘米的它们已经比祖先的块头大了不少，面部也要更长一些。渐新马前后肢都只有 3 趾，而中趾明显要大于其余 2 趾，承担了大部分重量。正因为如此，它们的足部和现代马的马蹄趋向一致。之后出现了体高约 90 厘米的草原古马。草原古马所表现出的行为特征表明它们已然是一种"逃跑型动物"，面对敌人时它们会选择逃跑而不是躲藏。由草原古马继续进化，则诞生了第一种具有真正意义上的"马蹄"的马属——上新马属，它们两

马的进化

最原始的始祖马生活在距今约 5 500 万年前的始新世。

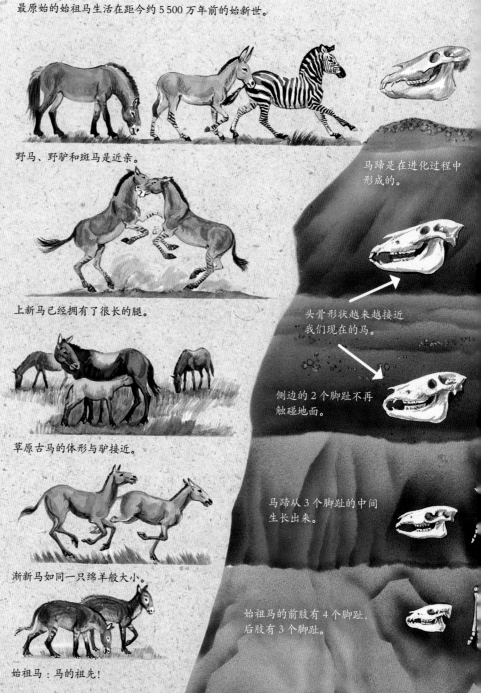

野马、野驴和斑马是近亲。

上新马已经拥有了很长的腿。

草原古马的体形与驴接近。

渐新马如同一只绵羊般大小。

始祖马：马的祖先！

马蹄是在进化过程中形成的。

头骨形状越来越接近我们现在的马。

侧边的 2 个脚趾不再触碰地面。

马蹄从 3 个脚趾的中间生长出来。

始祖马的前肢有 4 个脚趾，后肢有 3 个脚趾。

侧的脚趾已经不再接触地面，仅以单趾站立，牙齿上也产生了复杂的褶皱。上新马是现代马的祖先，只是体形不如现代马高大。

所谓的"真马"生活在距今约 200 万年前，体形达到了现代马的大小，牙齿上的褶皱也更为复杂，所有的马种都可以追溯到此类马。

驴、斑马和骡子

驴和斑马也起源于上新马属。可惜的是野驴濒临绝种，斑马的数量也日渐减少。斑马由于性格狂野、桀骜不驯，难以被人类控制；再加上它们在压力下容易受到惊吓而四处逃窜，被人们视为不可驯化的种群，因而也避免了被人类列为家畜的命运。而驴则是为穷人干活的牲畜，有些地方的工厂中也有驴的身影。在很多国家，驴被用来载货而非骑乘，并且它们的生活条件往往较为恶劣。通常来说，驴的体色为灰褐色，也有些品种的驴体色为白色或黑色。但有一点是相同的：它们都有一个白色的眼圈。驴通常不是专门繁育的，许多驴是杂交种。尽管如此，驴也有几个不同品种，其体形也因品种的不同而产生了较大差异：体形小巧的家驴温顺可亲，体形壮硕的大驴成年人也能骑上去。大多数驴是分布在亚洲和非洲的，而在欧洲，驴则主要分布在西班牙、法国和意大利。

马骡还是驴骡？

为了培育出更大、更方便骑乘的品种，人们让驴和马杂交，从而产生了骡子。公驴和母马杂交生出的是马骡，马骡的体形像马，性情较为急躁，能使用 20 年左右；公马和母驴杂交生出的则是驴骡，驴骡的体形像驴，性情较为温顺，能使用 30 年左右。驴骡可比马骡罕见多了，一般我们说的骡子都是指马骡。无论哪种骡子都无法繁衍后代。

知识加油站

▶ 始祖马的皮毛可能是红棕色的，而且带有黑色的条纹或斑点。这样的"迷彩色"有利于它们在当时的生活环境中隐蔽自己。

驴和马有亲密的亲缘关系，而且和马一样是群居生活的。

普氏野马

事实上真正野生的普氏野马已经灭绝了，现有的普氏野马是人们在后天尽可能按照其祖先的基因培育出的品种。现在，普氏野马主要生活在动物园内。或许有一天，它们能恢复野性，回归自然。

马的朋友们

马最早是生活在荒原上的。荒原上的食物既贫乏又紧缺，马要想填饱肚子，就必须少食多餐，而且要靠不断移动来寻找食物。现如今，马仍然需要足够的营养和运动。一段时间不进食它们就会感到不适，因为它们的消化系统已经适应了随时工作的状态，一旦有几个小时无所事事，马就会生病。

如何正确养马？

直到今天，马仍然需要定期锻炼——就像从前在荒原上寻找食物一样。如果把马关起来，让它们无所事事一整天，这对马没有好处，会导致马腿部和蹄部发病。如果缺少新鲜空气的话，马肺也受不了。事实上，有些马如今饱受支气管炎和粉尘过敏的困扰。但问题在于，如果我们养马，通常情况下并没有那么多可供它们户外活动的空间，城市中的草坪面积则更是有限。尽管大部分马可以在夏天享受牧场生活，但冬季的牧场却往往泥泞不堪且缺少食物。此外，马还需要马厩，最好是开放式马厩。

在开放式马厩里，马可以自己决定什么时候回马厩，什么时候在户外逗留，这里有足够

马需要通过和伙伴一起玩耍来互相打理皮毛。两匹马可以互相舔毛、拿尾巴为对方驱赶蚊虫，或者干脆一起来场小跑。

生活在马群中的马会更有安全感和归属感。独自生活是违背马的天性的。当很多匹马在一起时，总会有一匹马负责注意周围是否有敌人——毕竟马是"逃跑型动物"，遇到危险时它们的第一反应就是逃跑。如果没有同伴的话，马会非常不安，因为这样就意味着它必须独自观察周围的环境。

吃，吃，吃——进食不仅仅是马最喜欢的一项活动，对它们的健康也非常重要。

的让它和朋友们活动的空间。带有开放式活动空间的围场对那些喜欢经常回马厩或者必须额外喂饲料的马来说也是一种不错的选择。这种饲养方式很重要的一点是：在马想要有自己的活动空间时，可以在开阔的草场上自由驰骋；在它想与其他马交流时，又可以找到同伴集体行动。整天待在没有其他同类的"小黑屋"里对马来说并不合适。

明亮的光线和新鲜的空气——和封闭式马厩相比，围场让马感觉更加舒适。

围场箱应该尽可能宽敞明亮。但再好的围场箱也无法取代能够在上面自由驰骋的露天草场。

因"马"而异

与我们人类主要通过声音进行交流不同，马儿用肢体语言来表达自己的意思。当然它们有时也会用嘶鸣来召唤小伙伴，或者彼此用喃喃低语来友好地交流。但大多数情况下，它们之间的交流都是无声的。

谁才是这里的老大？

一匹马的身体姿态能够透露出它在马群中所享有的地位。一匹想要彰显自己身份的马会高高地扬起自己的头和尾巴，并且迈着庄严的步子来回小跑。其他马如果不想发生争执，最好离它远一点儿。

我俯首称臣！

马驹通过"空嚼"来展示它们的服从。它们咀嚼着，但嘴里并没有食物。听到"空嚼"声，年长些的马儿就不会对这些马驹发起攻击了。

马只有在紧急情况下才会发起攻击。大多数情况下，它们都会尽量避免争执，并通过身体语言告诉对方："你应该躲远点！"威胁性的后踢腿就是一个明确的警告！

有些看起来可能像一场争执的行为，
其实只是马儿朋友间的玩耍！

别靠我太近！

当马竖起耳朵时，它是在明确表示
不想被打扰。而当它的耳朵远远地向后
合上，甚至用头顶撞对方或者张开嘴向
对方咬去时，这就表明它已经
进入了进攻状态。如果对
方仍然不撤退，它就会
真的发起攻击了。

马和马之间的争斗令人
印象深刻，但很少有严
重受伤的情况发生。因
为通常在伤害发生之前，
其中一方就屈服了。

你这就睡着啦？

马打盹儿的时候也会竖起耳朵——但
这和受到威胁时竖起耳朵完全不同，这时它
们要轻松惬意得多！真正的深度睡眠在马身
上很少见，通常它们都是站着打盹儿，偶尔
才会躺下睡觉。马的睡眠时间分散在全天，
大多数情况下，马群中的几匹马会同时睡觉
或者打盹儿。

来认识一下这些 明星马吧!

海饼干

海饼干是一匹来自美国的赛马。虽然在体形上有着种种缺陷,但海饼干却常常能够在开局不利的情况下扭转乾坤,还创下了那个时代的最高奖金纪录。海饼干和它的主人所展现出的进取精神鼓舞了许多美国人。2003年上映的电影《奔腾年代》就是根据海饼干传奇的一生所改编的。

伊尔奇

伊尔奇是著名的印第安人温尼托的黑马的名字。我们从书和电影中得知,温尼托是梅斯卡莱罗阿帕切人的首领,他的黑马伊尔奇与另外一匹马哈塔提特拉是好兄弟,而哈塔提特拉则是温尼托的好伙伴老沙特汉德的坐骑。

在赛场上的海饼干,透着一种真正的自信。

机灵鬼汉斯

这匹马会算数? 好像还真是这样! 这个机灵鬼能从它主人的表情中辨认出来,什么时候它的蹄子敲出了正确的数字。

飞马
珀伽索斯

珀伽索斯是希腊神话中著名的奇幻生物。它是一匹长着一对白色翅膀的飞马，常陪伴在众神和英雄左右。传说，被它的蹄子踏过的地方会涌出泉水，诗人喝了泉水会获得灵感。甚至有个星座都是根据它的名字命名的——飞马座。

盛装舞步之王
托提拉斯

这匹英俊的公马托提拉斯在比赛中像明星一样受到追捧。它被视为迄今为止世界上最贵的盛装舞步马。如今它已经光荣退役了。

金牌坐骑
哈拉

哈拉是马术运动家汉斯·冈特·温克勒的母马。正是在哈拉的背上，马术运动家汉斯·冈特·温克勒多次获得奥运会奖牌。1956年，它带着已经严重受伤的骑手独立穿越障碍物跑道，取得胜利。也正是这场比赛让它一举成名。

斑点马
恩克尔

斑点马恩克尔是长袜子皮皮的好朋友，同皮皮一起生活在威勒库拉庄，它是世界上最有名的斑点马。皮皮同它一起有过许多伟大的冒险经历。皮皮可是个大力士，她能将她的马，连同马背上的两个骑手一块儿高高举起！

从矮种马
到纯种阿拉伯马

冲刺大师

如果从速度方面来讲，夸特马可以说是世界上跑得最快的马。这种马擅长四分之一英里（大约400米）的短跑，因此采用英文单词"Quarter"，也就是"四分之一"来给这种马命名。对于休闲骑乘来说，夸特马同样是很棒的选择！

这样一匹小马真是生活中的好伙伴，你能和它一起经历许多奇遇。

　　自从马同人类一起生活以来，我们就饲养了许多不同品种的马。不论作为哪种用途，像是盛装舞步、西部马术、农业工作还是拉车，你都能从中找到一匹合适品种的马。马有大有小，有壮有瘦，被毛有纯色也有混色。有些马可能跑得更快，有些马则力气更大，适合拉拽。有些马特别灵巧敏捷，而有些又健壮温顺。几个世纪以来，通过人工培育已经繁育出了许多不同品种的马，我们可以把它们分成四大类：体格强健的冷血马力气最大，优雅迷人的纯种马跑得最快，萌萌的矮种马聪明可靠，具有运动天赋的温血马则称霸每一项马术运动项目。

温血马和纯种马

这是一匹精力充沛的汉诺威马。

顶尖运动员

温血马如今被认为是天赋异禀的"运动员"。它们在盛装舞步中优雅地迈着步子，巧妙地穿越障碍物跑道，各个项目都训练有素。温血马有多个品种，如汉诺威马、威斯特法伦马、巴伐利亚温血马、梅克伦堡温血马和符腾堡温血马等。我们很难一眼就分辨出这些品种的不同之处，但是如果你仔细观察，有时候能在它们左后腿上发现一个火印，上面标明了它们的饲养地区。如今火印被马皮下植入的芯片取而代之，这个芯片上存储着所有重要的信息。温血马身上始终保留着这样一个特点，那便是无论何时，你都能通过它们出众的身高和运动才能辨认出它们！

人们从马背的最高点，也就是鬐甲（马肩隆）来测量一匹马的高度。所有体高不及149厘米的马都是矮种马。如果这个测量棒测量出的数据高于这个高度，则表明这是一匹普通马。

温血马特别适合像盛装舞步这样的马术运动项目。

这匹神气十足的阿拉伯马被装扮得漂漂亮亮的。

聪明伶俐：这匹阿拉伯马甚至不需要用马缰和缰绳就能停下来！

美丽与优雅的化身

　　纯种马包括高贵的阿拉伯马和敏捷的英国马。它们之间有着共同点：天性敏锐、身形修长、冰雪聪明。纯种马的身体结构近乎完美，因而被世人称为"活的艺术品"。但令人印象最深刻的还是它们的速度和耐力！

阿拉伯马是充满激情与活力的马。

随风起舞的鬃毛

　　快步马和袭步马是马术赛道上的行家。袭步马是英国纯种马，它和骑手一起为了袭步这种马术运动步法而训练。而那些被拴在单座双轮马车前，在赛道上快步奔跑的马，我们称之为快步马。

瞧这些大家伙们!

阿尔登马

体　重：可达1 000千克
体　高：155~162厘米
原产地：法国

夏尔马原本用于驮载身着重甲的骑士。20 世纪初，人们甚至用它来拉伦敦的有轨电车!

夏尔马

体　重：可达1 500千克
体　高：163~195厘米
原产地：英国

阿尔登马是石器时代梭鲁特马的后裔。它们是耐力极好、极强壮的驮马。尽管体重很重，但它们充满活力。

马力十足!

过去冷血马大多被用于拉农用车以及从事田间工作，现在这些活计都由拖拉机来完成了。拉别致的马车和装扮华丽的啤酒车成为它们的新任务!

不可思议！

夏尔马是世界上体形最大的马，有些体高甚至超过 2 米。因为有着特别粗壮的脖颈和高耸的肩部，夏尔马看上去显得更加高大。人们通常喜欢把外形引人注目的动物拴在大马车前来打广告，而一匹高大的夏尔马总是能吸引大家的目光！

黑森林马

体　重：可达700千克
体　高：148~160厘米
原产地：德国

黑森林马，来自德国南部的黑森林。它们比较小巧，特别是在冷血马中，真算是苗条的那一类。黑森林马最初是为林业工作而繁育的。

诺里克马花色极多，但最受欢迎的还是花斑纹和老虎斑纹。它们作为骑乘马或驾驶马都是极棒的。诺里克马来自山区，所以步履尤为稳健。

诺里克马

体　重：可达900千克
体　高：152~175厘米
原产地：奥地利

矮种马——
小英雄们

像芭比娃娃一样

A类威尔士小型马是英国威尔士小型马中最小的。它们真的非常可爱！漂亮的脸蛋外加优美的身形，总让人联想到芭比娃娃或是袖珍的阿拉伯马。不过别觉得这类马只有可爱的外表，它们特别适合给孩子们骑乘，还被广泛用于拉车呢。

一种特别的颜色

几乎所有的廷克马都是花斑马，而且每匹马身上都有长长的"窗帘"——这是人们对长在它们腿部的长毛的称呼。它们的体高差别很大：从136厘米到160厘米都有可能。造成廷克马大小不一的原因是它们在自己的家乡爱尔兰多被用于拉车，因而吃苦耐劳的品性和良好的劳作能力比统一的外表更重要。如今廷克马作为骑乘马也非常受欢迎，这不奇怪，因为它们既聪明又随和！

甜美可爱

设得兰矮种马非常聪明：它们已经让许多小朋友学会了骑马！如果它们对小朋友来说变得太矮小了，那么就会被用来做大朋友们理想的车驾用马。设得兰马体格强壮、工作高效，即便它们体高还不到107厘米。浓密的尾毛、蓬松的鬃毛让它们看起来可爱至极！

→ 纪录
40厘米

体高仅 40 厘米的法拉贝拉马是世界上最小的马。正因如此，这个小可爱不太适合用来骑行。

另一种"绝招"

冰岛人虽谈不上特别高大，但却格外有趣。冰岛马通常也活力四射，而且它们还掌握一种特殊的步态——溜蹄。这是一种冰岛马特有的步态，对骑手来说非常舒适。此外，冰岛马还掌握一种名为"飞跑"的步态，速度快且步伐流畅。

惹人爱的小金毛

几乎每个孩子都会喜欢上哈菲林克尔马——来自奥地利蒂罗尔的金毛小型马。小哈菲，如同它可爱的名字一样，很受大家喜爱。这是情理之中的事！哈菲林克尔马体高通常在 138 厘米到 150 厘米之间，不论是给大人还是孩子，它都很适合用来骑行。

就是如此独一无二

挪威马，也叫作挪威峡湾马，或者昵称为峡湾马。没有一种马能拥有像挪威马那样独特的鬃毛：一半黑、一半白，而且常被修剪成直立的形状。温顺的挪威马体格非常强壮，132 厘米到 150 厘米之间的体高对于稍高一些的骑手来说也很适合。

矫健俊美

马是令人着迷的动物！它们的眼睛流露着温柔，它们的鬃毛如丝般顺滑，它们的身姿矫健俊美。它们既能走出婀娜舞步，同时也充满力量，速度惊人。

马驹出生不久后就能站立了。

马和咱们人类其实并没有很大区别，你们觉得呢？你仔细观察下它们就能发现：事实上马前腿的结构跟我们人类手臂的结构很像。假如你去试一试四肢着地走路，就像在地上爬那样，这个时候你行走的方式就跟马差不多。你身子的前部现在是什么？是不是和马一样，也是肩、手肘和手腕？身子后部是你的腿，腿上有膝盖和脚踝。但如果你再观察一下马的骨架，就会立刻发现：马的腿和我们的四肢并不完全一致。马前腿中间的关节称为腕关节，相当于我们的手腕。马的前腿也比我们的手臂长很多。当然，马其实没有像我们一样有手指、脚趾分开的手和脚。虽然马的祖先曾经长有脚趾，但随着时间的推移，多余的脚趾已经消失了。

强健有力
马没有锁骨，它的肩胛骨仅靠肌肉固定。

➡纪录
250块肌肉
一匹马差不多拥有250块肌肉。骑乘用马尤其需要定期训练后腿肌肉。

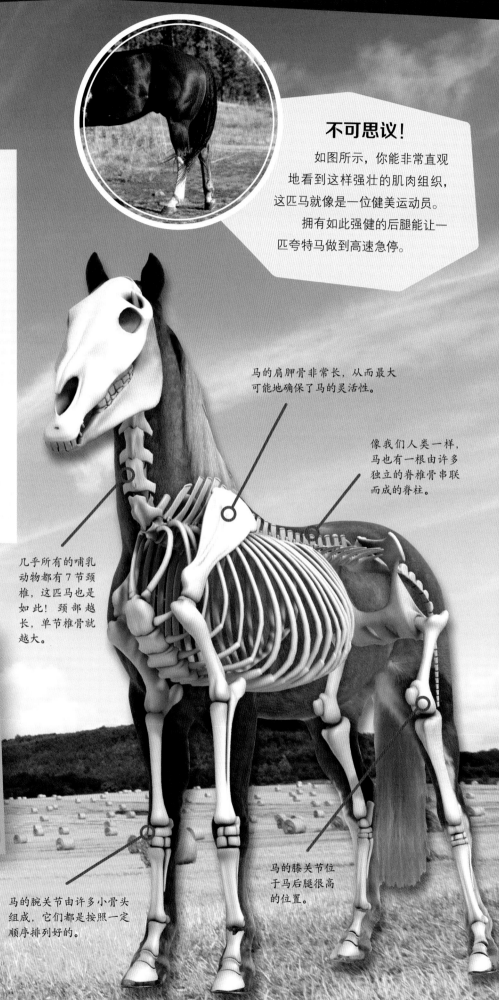

各就各位，预备，跑！

马的身体结构使它们特别擅长两类事情：一方面，它们能不知疲倦地长时间站立进食；另一方面，它们能在遇到紧急情况时飞速撤离。马是一种特别擅长短跑的动物，最高时速可达 65 千米。这个速度甚至比在城市里行驶的汽车的车速还快。我们可以把它与陆地上跑得最快的动物——猎豹对比一下，猎豹的最高时速为 110 千米。

马有哪些肌肉？

有些马的肌肉组织更适应于高强度运动，比如像拉重物的强壮的冷血马，或者像参加盛装舞步比赛的温血马。相比之下，其他马的肌肉组织则平滑且纤长，这对于长途骑行来说再完美不过了！

不可思议！

如图所示，你能非常直观地看到这样强壮的肌肉组织，这匹马就像是一位健美运动员。拥有如此强健的后腿能让一匹夸特马做到高速急停。

马的肩胛骨非常长，从而最大可能地确保了马的灵活性。

像我们人类一样，马也有一根由许多独立的脊椎骨串联而成的脊柱。

几乎所有的哺乳动物都有 7 节颈椎，这匹马也是如此！颈部越长，单节椎骨就越大。

这是一匹典型的适用于长途骑行的马，它拥有平滑的肌肉组织，因此看起来身形非常修长。

马的腕关节由许多小骨头组成，它们都是按照一定顺序排列好的。

马的膝关节位于马后腿很高的位置。

从鼻孔到尾巴

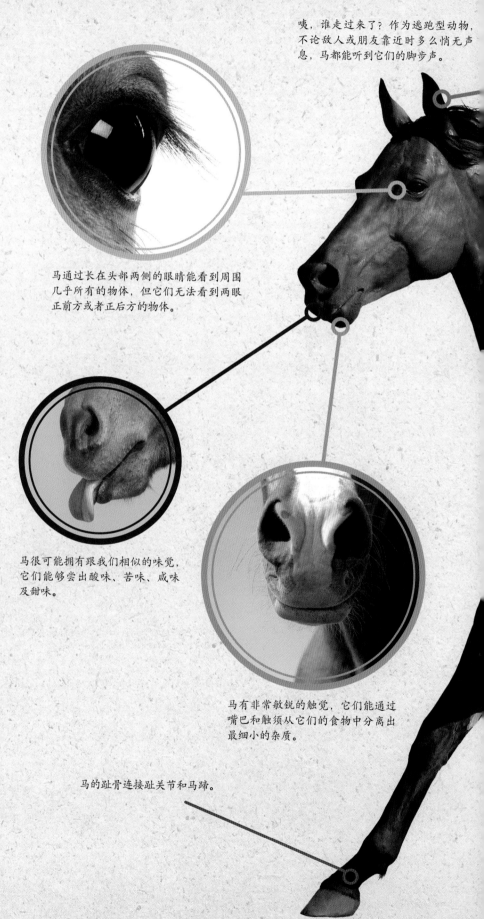

咦，谁走过来了？作为逃跑型动物，不论敌人或朋友靠近时多么悄无声息，马都能听到它们的脚步声。

马通过长在头部两侧的眼睛能看到周围几乎所有的物体，但它们无法看到两眼正前方或者正后方的物体。

马很可能拥有跟我们相似的味觉，它们能够尝出酸味、苦味、咸味及甜味。

马有非常敏锐的触觉，它们能通过嘴巴和触须从它们的食物中分离出最细小的杂质。

马的趾骨连接趾关节和马蹄。

大自然的杰作：马嘴巴上的触须极为敏感，甚至能感受到最细小的谷粒。凭借灵敏的味觉，马能够品尝出食物中每一种细小的组成。它们的听觉和嗅觉几乎跟狗一样灵敏！马非常适合过迁徙的生活，它们的胃很小，所以只需摄取少量的食物。这一点不像奶牛，奶牛在进食以后需要休息，好让食物能继续在胃里消化。马在进食后可以随时出发前进，前进速度也相当快！就有些品种的马来说，它们还拥有出色的耐力！结实的马蹄能够承受坚硬的路面，并且能调控马的步伐。

前躯、中躯、后躯

马的身体结构十分复杂，然而对于饲养员和骑手来说，想要更好地照顾马儿，在赛场上最大程度地发挥它们的潜能，将马的身体结构了解透彻可是必不可少的功课。

我们可以把马的身体划分为三个部分：前躯、中躯和后躯。前躯包括头部、颈部、肩部和前腿；中躯包括背部、胸部和腹部；后躯则由尾巴和后腿构成。这里要说明一下，马的四肢并不是均匀负重的。超过一半，更准确地说是 60% 的重量都压在前躯上，而后躯负责提供向前的推进力，中躯则负责通过紧绷的肌肉来传递这一推进力。当你骑在马上时，马鞍就装在马背最高点稍靠后的位置，这个附加的重量也由马的前腿承受。所以对于马来说，载人是很费力的。这也是新手马儿们一开始就要必须学习的东西。

你已经睡了吗?

乍一看你可能没法分辨出这匹马是否醒着，因为它能站着打盹儿。由于身体的特殊结构，马几乎不费什么力就能站着睡觉。但你可以从它的表情辨别出这匹马是不是正在打瞌睡。

健康的马拥有垂顺的马尾，奔跑时轻扬的马尾是体现马背张力的一个标志。

每匹马都有四只蹄子，马蹄由角质物构成，就像我们的指甲。健康的马蹄对一匹马来说尤为重要，因为它们要承载身体的所有重量。

所谓马的"附蝉"其实是马腿上形似一只蝉的角质物，它是马早期脚趾的残余。

洁白如雪
还是带有斑点？

马的毛色十分丰富，有的马全身的被毛只有一种颜色，主要是白色、骝色、栗色和黑色等毛色。还有一些马的被毛是花斑色或者虎斑样颜色，有些品种的马的被毛还有奶油色或者介于黄色和金黄色之间这样特别的颜色。跟人的头发有不同的颜色的原因一样，马的被毛颜色不同也是由基因决定的。

全都是白色吗？这里要说明一下，白马有的是白色，有的是灰色，而且它们被毛上的图案也有所不同。有的白马身上有小小的、褐色的圆点。灰斑白马则有灰色的圆形斑点。

正如天下没有相同的两片树叶，每匹马身上的虎斑也都不一样！

你很难将栗色马与骝色马区分开来，因为它们的被毛颜色都有点儿泛棕。但栗色马的鬃毛和尾巴是同身体一样的浅色，甚至还要更浅一些。

全身都是斑纹！被毛颜色呈现虎斑样的马很少见。这样的颜色只出现在一些特定的品种上，比如克那波施图马或者阿帕卢萨马。虎斑样的斑纹通常长得很圆，而且也不是特别大。

棕色的被毛与黑色的长毛——这是一匹骝色马！骝色马可能是浅棕色、棕色或者深棕色的。许多骝色马身上都有白色胎记，这对它们来说很常见。

马身上的胎记

 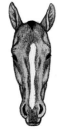   

额星　　　额流星　　　鼻星　　　白斑　　　白面

知识加油站

▶ 白马不是一生下来就是白马——一匹白马出生后，大家还无法预知它之后会长成什么颜色。因为刚出生的白马不是白色的，大多数小马驹都是褐色或者灰色的。当它长出一些浅色毛发后，你才能预测这匹小马驹将来会慢慢变白。在接下来的几年时间里，它们的被毛会变得越来越白。

▶ 除了自身的被毛基色，绝大多数的马身上都会有白色胎记。这些或大或小的白色胎记长在马的腿或脸上。

花斑马身上的花斑跟奶牛身上的花斑一样，有白色、棕色或者黑色。这些斑点很大，而且分布全身。

黝黑又柔顺的皮毛！这才是真正的梦中宝驹！有什么能比一匹皮毛在阳光下熠熠生辉的黑马更美？

一匹小马驹
来到了这个世界!

当一匹母马到了合适的年龄时,养马人就会给它配种。有些种马也和母马一起生活在牧场。母马怀孕后,一直到生产前夕,都还是可以继续用来慢慢骑乘的,但就不再适合参加比赛了。

小马驹是怎样生出来的?

能够看到小马驹的整个出生过程是很奇妙的!但是这可不是那么容易的事情,因为母马在生产时并不愿意引人注目。母马通常在马厩很安静的时候,也就是在夜里产下自己的孩子。如果谁整日整日地等着小马驹出生,却在夜里离开马厩,那么他很有可能错失看到小马驹出生的机会。因为恰巧就是在夜里,在这个大家都想在自己的床上小睡一会儿的时候,母马就要生小马驹啦!它会给自己找一个舒服的地方,让自己躺下。在大多数情况下,母马自己分娩没有任何问题,它们不需要借助人力也能很好地应付这种情况。

小马驹先是两条前腿落地,然后差不多同一时间你就能看到小马驹的头出来了!那些缠着小马驹的胎膜会立刻被母马舔干净,而当母马或者小马驹站起来时,脐带会自己断裂!如果我们看到小马驹只出来了一条腿,这就意味着它们需要帮助了。同样,如果马妈妈没有舔掉小马驹身上的胎膜,也需要我们去帮助小马驹弄掉,不然这匹小马驹会因窒息而死亡。整个分娩过程需要差不多 30 分钟的时间,如果一切顺利结束的话,最好让母马和小马驹都休息一会儿。

你好,世界!

小马驹出生不久后就能站立,这对一匹刚出生的小马驹来说可真是奇妙。它们早早地就能摇摇晃晃地站起来去找马妈妈喝奶。初乳对于小马驹来说也是至关重要的,它能让小马驹增强抵抗力,降低小马驹生病的风险。

孕 期

马妈妈的孕期大约是 11 个月,这是一匹小马驹来到这个世界所需要的时间。当母马的肚子明显开始下沉时,它就即将临盆了。母马的乳房开始分泌小滴乳汁,这是个令人兴奋的时刻,因为很快小马驹就要出生啦!

母马在舔胎膜。

刚出生不久的小马驹勇敢地迈出它的第一步。

实现第一次外出!

马属于逃跑型动物，因此母马和马驹很快就能够跟着马群一起"逃跑"。还没有哪一种动物的幼崽能像小马驹一样，那么小就能跑得如此之快！

不可思议！

小马驹出生一两个小时以后就能自己站起来了。想想看，咱们人类需要多长时间？

于饿呀！小马驹很早就懂得自己去找妈妈喝奶。

人类的伙伴

人类的生活没有马？这简直无法想象！马对于许多人来说不仅仅是好朋友，同样还是得力助手！许多国家直到今天还依靠马驮着人和货物长途跋涉，因为并不是所有地方都拥有火车和汽车。

著名的马背上的民族

在蒙古，马一直都是重要的旅伴。这里曾经生活着游牧民族的人们，他们骑着马，带着牲畜群四处迁徙，寻找新的牧场。直到今天，马依旧陪伴着这些蒙古草原上的牧民和他们的牲畜群。蒙古人曾经也是令人闻风丧胆的战士，他们驾马远征，从孩童时期起就要学习如何与马相处。马对于另一些人——印第安人也非常重要。北美的印第安人并不是天生的骑手，他们是从西班牙人那里才学会了驾乘马匹。不久

战斗图腾

印第安人也是公认的出色骑手。为了让敌人望而却步，他们甚至在马的身上都画上了战斗图腾。

后，他们不仅捕获了野马，还培育了自己的品种，成为出色的骑手。由印第安人在帕卢斯草原培育出的阿帕卢萨马至今都极受欢迎。

中国的少数民族哈萨克族也是著名的马背上的民族。他们主要生活在新疆北部，有着古老的群居和迁徙的传统，在漫长的草原生活中形成了丰富多彩的游牧文化。他们在节日期间会进行一种名为"叼羊"的马上游戏：将宰杀好的羊放在指定的地方，两队参赛者在发令枪响后同时骑马前去进行争夺，成功叼到羊的骑手不仅会受到嘉奖，还会赢得人们的尊敬。通常在这一天，牧民们不论男女老少，都会穿上节日的盛装来围观这一草原上的盛事。

在野外奔跑

在大多数国家，马更像是一位能陪伴你度过闲暇时光的好伙伴，而不仅仅是帮助人们耕作、运货的家畜。人们骑马是因为同它一起探索大自然可以带来许多快乐。他们热爱马蹄踏在小径上奔跑带来的这份自由，或者仅仅就是享受骑马穿过旷野的惬意。

另一个因骑术而闻名的民族是哥萨克。这支主要居住在俄罗斯的骑手部落在历史上以骁勇善战和精湛的骑术而著称。

北非的格斗比赛

在北非，骑马也有着悠久的传统。那儿生活着柏柏尔人，他们所使用的柏布马是最古老的马种之一。柏布马没那么高大，但是非常强壮、快速和敏捷。它们的专长是一项传统的马术比赛：枪骑兵马术比赛。枪骑兵马术比赛是传统比赛和战斗的结合，选手在比赛过程中要象征性地向空中射击。

蒙古人骑马是为了狩猎。他们的鹰经过训练，能抓住兔子和狐狸。如今过节时，蒙古人仍保留着鹰猎这一传统习俗。

不可思议！

印度的马瓦里马曾经也是战马。它们拥有镰刀形的耳朵，耳尖可以向内翻卷，有时甚至能碰到一起。马瓦里马可以让它们的耳朵从前面到后面旋转180度！

从工作用马到运动赛马

以前，马是农业生产中不可或缺的好帮手。

直到拖拉机接手了它们的工作，马才从人类日常田间工作中解放出来。而在这之前，许多农活都是由马协助完成的。普通农民家通常只有一头母牛或者一头公牛，只有那些条件好点儿的农民才能买得起一匹马。而有大农场的农户，家里可能同时拥有好几匹马。一些农民甚至自己繁育马匹。如果没有牛或者马来拉犁，农民们是没办法完全靠自己完成田间的繁重工作的。

人们根据不同的地形条件选择不同种类的马：在坚硬的地面上，人们多选择健壮的冷血马；而在山区丘陵地带，人们则倾向于体形更轻巧的马，比如哈菲林克尔马。这些被选出来的马都有一个共同点：能拖拉重物。现在，这些原本属于马的工作大多由机械来完成。

如今只有部分林业工作还是由马来完成，因为它们比任何机器都更加谨慎和环保。尤其是在山路特别崎岖的地方，运输车无法抵达，便只能依靠马来运输粗重的原木。那些健壮的冷血马仅仅通过林业工人手中的缰绳和口令的指引，就能拉着沉重的木材穿越森林，到达指定的地点。

乘马车出行！

在过去很长一段时间里，骑马是实现快速远行的唯一方式。骑手们在马车道上传递信件，民众则坐马车到不同的国家旅行。即使在今天，马依旧可以用来拉车，但很少是以运输物资为目的的，因为这项任务已交给卡车、火车、飞机、轮船来完成。马车如今主要用于休闲娱乐活动，甚至参加比赛！

马背之上承载着大地的眷顾！

随着越来越多的拖拉机和其他机器的引进，人们对于马的需求也就越来越少了。还真有那么一段时间，养殖的马渐渐减少。直到人们发现，和马一起度过休闲时光是多么有趣，骑马才又流行起来。有些种类的马几乎已经灭绝，比如重型温血马中的老奥登堡马和老符腾堡马。马的饲养繁育工作的重点也早已从培育工作用马转变为培育骑行用马。如果你真心喜欢骑行，可以考虑去马术学校学习骑马，这样可比自己购买、饲养一匹马经济实惠多了。但你需要想好了，这项爱好的难度系数可是极高的！你需要有克服困难的毅力与勇气，毕竟初学者从马上掉下来可是常有的事；你还需要培养良好的身体平衡能力和控制能力，才能更好地与你的马儿共度休闲时光。

现如今，马仍然在森林中拖拉木材，从事着林业工作。

现代运动赛马和过去的工作用马相比，身形更纤长迷人。

纪录
1 000千克

马可以在短时间内拉动和自身体重一样重的东西，最高纪录可达1 000千克！

在田间工作

　　马以前不仅能拉农用车，也能拉耙和犁。如今，一些提倡生态农业的农场主正有意识地重新使用马来完成田间工作。

虽然乘坐有篷马车或者轿式马车会感觉有些颠簸，但总归还是比自己骑马或者走路舒服！

参加
奥运会

骑马越障表演

    马有非常好的运动天赋。除了盛装舞步这个运动项目外，我们还能在赛场上看到障碍赛。这项运动通常以跨越非常低的障碍开始，也就是我们所说的"迷你障碍"。而我们在奥运会上看到的障碍赛，可以说是骑手和马一起创造出的最高成就了，想要实现它需要大量的训练。

盛装舞步

　　马自己就能展现出优美的步伐！因为它们的这种天赋，赛场上出现了盛装舞步这项运动。一匹自由奔跑的马为了吸引另外一匹马的注意时所展现出来的动作，就是盛装舞步中皮埃夫和帕沙齐舞步的雏形。比赛中，骑手需要同他的马一起优美且有把握地完成这些动作，并向大家展示。不过人们练习盛装舞步可不仅仅是为了参加比赛，其中的许多练习对马匹来说是很好的健身操！

越野赛

　　赛场上的越野比赛！马术三项赛由三部分组成：盛装舞步赛、场地障碍赛和越野障碍赛。比赛往往惊险刺激、激动人心，只有真正的能者才可以胜任！

不同的场地，不同的方式

你可以舒舒服服地坐在马上，轻松骑行。在西部马术中，通常只需要骑手用一只手松松地拉着缰绳。

像一个牛仔那样骑马？至少西部马术看上去就是如此。但西部马术可不仅仅是戴着酷酷的牛仔帽，配着西部鞍这么简单，要想掌握这种骑行方式必须要经过大量训练。

什么是西部马术？

西部马术源于美国。那里的牛群通常在远离牛棚且没有围栏的宽阔地带觅食。为了能陪伴牛群、同它们一起移动，牛仔们常常需要与牛群同行很远一段距离，一连数小时，甚至整天都要坐在马背上，一种新的骑行方式便应运而生，它可以让牛仔们的骑行变得非常轻松。马鞍也相当舒适，骑手只需要稍微用力，就可以操控马匹。同时，尽可能少的骑乘设备也会让骑手和马匹享受到更为愉悦的骑行体验。

西部马术适用于每个人

我们当中有许多人对西部马术这样的骑行方式很感兴趣，所以便出现了适用于这种骑行风格的场地。事实上有一种传统的，我们称之为英式马术的骑行方式同西部马术很类似。它们最大的区别在于，西部马术中的马会对骑手哪怕最小的暗示做出反应。当然，无论哪种骑行方式，骑手和马都需要接受全面训练。最终选择哪种方式，取决于他们的个人爱好。

滑停、急向后转、急转

西部马术中的特有招式源于牛仔们圈牛时的动作。滑停时，骑手会让马在直线距离上加速，当他们发出"停"这个指令时，马就会像是坐在它们后腿上那样突然刹住。哇，这简直太棒了！急向后转是一种快速转弯方式，通常是在停下后立刻转弯。而急转指的是马在原地快速转身。这也太精彩了，怪不得西部马术会有专门的比赛呢！

一个滑停！这绝对是西部马术中最令人叹为观止的表演！

冰岛骑行

　　冰岛骑行为我们展现了一种与众不同的骑马方式：步态骑马。冰岛马除了慢步、快步和跑步这三种基本步态，大多还掌握溜蹄和飞跑这两种步态。溜蹄这种步态很适合用于骑行者远行。如今冰岛人有时仍以这样的方式骑马。

　　坐在迈着慢步步态的马上非常舒服。它们的步态会让你很容易骑坐在上面，因为大多数情况下马儿都是以四拍的节奏前进。

慢步
　　真正意义上的慢步是四拍步伐。每条腿有节奏地依次迈出。

快步
　　快步是两拍步伐。也就是位于对角线上的两条腿同时迈出。

跑步
　　跑步是三拍步伐。这个步伐有跳跃动作，在跑跳中间有个起跳阶段。

赛马比赛中，马的速度可以达到 65 千米 / 时！

马背上的体操

马背体操表演是一项特别酷的运动！顾名思义也就是人们在马背上做体操。这简直是为那些擅长体操又爱马的人量身打造的运动！

每个人都能学马背体操吗？

马背体操是马术运动理想的入门项目，因为就连小朋友都可以学习马背体操，哪怕是在他们很小，还不能独立骑马的时候。而且最棒的是，你在练习马背体操的同时，也将会成为一名出色的骑手。因为在学马背体操时，必须要学习怎么好好地骑坐在马背上，保持上身笔直，同时还要与身下马儿的动作相协调。学习初期，要在马背上摆动似乎非常困难，不过一开始总会有人在一旁协助。初学者可以先在行走步态的马上练习，之后所有练习就要在奔跑步态的马上进行了。

一匹合适的马

马背体操表演所用的马需要有出色的平衡感，同时还要非常友善，毕竟同时会有好几个孩子在它背上做体操。它还要能够匀速奔跑，绝不能擅自就加速跑动。因为马在跑起来时，颠簸剧烈，这会给表演者带来麻烦。马背体操动作通常由两到三位表演者配合完成，这就要求马背宽阔结实，从而给表演者更多的活动空间。为

马背体操是一项高水平的体操运动，在技艺高超的表演者那儿完全就是杂技表演！

三人团体训练

对于专业人士来说，真正优秀的表演者会练习自选动作。他们会几个人一起练习这套动作，出色者甚至可以带着这套动作参加锦标赛。团队配合默契在这样的大型比赛中是尤为重要的。团队中的每一个人不仅要能自己在马背上完成表演，而且还要能协助队友。毕竟一个成功的表演除了站在马背上的表演者的个人秀之外，底下一到两个孩子的托举、支撑也是非常重要的。团队精神才是马背体操表演最最重要的东西！

马背体操中的动作需要
在马上完成，因此表演
者需要跃到拴着缰绳、
绕圈跑动着的马身上。

了让几个孩子在马背上都能有稳定的发挥，大
多数情况下，人们会选择高大的温血马作为高
阶表演用马。毕竟，持续匀速的奔跑对于一匹
高大的温血马来说要比一匹小马容易得多。

马背体操——一项团队运动！

"无队友，不成马背体操。"马背体操是一
项集体运动，队友之间的相互信任、默契配合
非常重要。同样，表演者与缰绳牵引者之间的
沟通，也必须是畅通无阻的。缰绳牵引者负责
控制马匹的步伐，表演者需要完全信任缰绳牵
引者对马的控制力，这样才能全身心地投入到
自己的体操动作中，与马的节奏协调一致，在
颠簸的马背上展现优美的体操动作。

这个动作要求表演者全神贯注。

在团队练习中，队员之间必须要做到相互信任。

马
需要什么？

一天至少给马喂2次干草，如果能喂足3～4次那就再好不过了。

鬃毛飞舞，蹄声如雷！骑手们怀揣着穿越田野和草地的梦想——这就是自由！你是否期待马儿们友好地嘶鸣着向你问好？又或是在疾驰一段路后心满意足地打着响鼻儿？怪不得一直都说马是特别棒的朋友，同时也是一种令人着迷的动物，毕竟与一匹马一起共度一段时光总是会令人兴奋不已。

给你带来快乐的工作！

喜欢马的人，也一定会喜欢和马相关的所有工作。马可以供我们骑乘，但也需要我们对它进行清洁，同时马厩也需要定期清理。不可否认，这些清理工作可能会相当辛苦，如果你只是喜欢骑马出去玩儿，那么这些工作有时可能会让你觉得麻烦。但这些都属于养马的一部分，你的马肯定也乐意待在清扫干净的马厩里。此外，马必须每天多次投喂。喂食当然是一件愉快的工作，没有什么比看着马儿大快朵颐更

让人愉悦了。

马吃什么？

粗饲料、干草或者新鲜的青草是马儿最重要的食物。还有秸秆，这些通常用来铺垫马棚的农作物茎叶也可以混在粗饲料里面。最理想的情况是，马儿可以想吃多少干草，就得到多少干草，因为它们实际上应该持续进食。但这样会导致大多数马儿变得过胖，所以我们不得不来控制一下它们的进食量。给马儿吃草坪上的鲜草是不大合适的，因为草坪上的鲜草含有太多营养，一些马吃了后会生病。

马厩清理很重要的一点是要把所有的马粪蛋都彻底清扫出去。

马不能再像它们的祖辈一样，整天在草原上觅食了。因为吃太多高热量的食物可能会导致它们患上蹄叶炎和腹绞痛，这两种疾病都会给马带来生命危险。如果马将它的腿远远地伸向前方，没法儿迈步行走，那么你就可以推测它应该是患上了蹄叶炎。腹绞痛的症状则没有那么明显，但是你能感觉到马很痛苦：它躺下来，看着自己的肚子，在地上打滚儿或是翘起上嘴唇，露出上排牙齿。这个时候你一定要去咨询兽医。如果马行为异常，你又无法确定到底是什么情况，最好带一位大人过来瞧一瞧。

只有在马要完成许多工作的时候，我们才喂它们精饲料。像燕麦、大麦、种类丰富的混合麦片、谷粒等都属于精饲料。偶尔像胡萝卜、苹果或者干面包这样可口的零食也能作为马训练时表现良好的奖励。

一次愉快的骑行就是对辛苦的马厩清理工作最好的回馈！

我这样照顾我的马

马需要定期护理：它们的马蹄需要剔除污垢，皮毛需要刷拭。尤其是在骑行之前，你最好能先清除马皮毛上的污垢，不然马鞍和马辔会把皮毛擦伤。恰当的护理能让你的马保持健康。你不仅要刷去皮毛上的污垢，还要刷去死毛，这样能够改善马的血液循环。大多数马都非常享受这样的清洁。马之间也会相互照顾，因为有时候它们没办法自己挠痒痒。这时另一匹马就会来帮它挠，还正好就挠在痒的地方！这技能也太实用了！马儿们甚至能在人面前展示它们这项技能。打滚也属于护理的一部分，在换毛期，马通过这种方式来蹭掉身上的死毛，为之后新长的毛发腾出位置。

马匹护理是让人开心的事。我要让你变得漂漂亮亮的！

闪闪发亮的鬃毛和尾巴

长长的鬃毛是马儿健康、美丽的标志。但不是所有的马都拥有长长的鬃毛，相较于母马和骗马，大多数种马拥有更长的鬃毛。不同品种的马的鬃毛浓密程度也会有所不同。要想让马拥有漂亮的鬃毛，你就应时常精心梳理它们，不然鬃毛就会打结。梳理马尾巴时应该从马尾尖开始，然后一点一点往上，这样梳理才不会扯掉太多毛发。当马参加比赛时，它们的鬃毛和尾巴会被精心修剪并编织出艺术造型。

我们为什么要剔除马蹄污垢？

马蹄对于马匹的健康而言是至关重要的，我们必须定期用蹄钩剔除马蹄里的污垢，来维持马蹄的清洁与健康。清洁马蹄可以避免马把污泥带回马厩，从而防止马厩中细菌滋生。更重要的是，这样可以清除马蹄中卡着的小石头等杂物。因为马在走路时，路上的小石头等杂物很可能会卡在马蹄的凹陷处。时间久了，这些杂物可能会让马感到疼痛，甚至使马蹄开裂，引起感染，影响马的正常行走和工作。对马蹄铁进行日常检查也很重要。在马行走的过程中，马蹄铁很可能会逐渐松动或者弯曲变形，最终从上面掉出起到固定作用的钉子。马蹄铁脱落还好说，钉子扎到马蹄里就不好了。

一匹在冲澡的马？没错！夏天的时候马也会冲个澡，通常从马蹄开始让马慢慢适应水温。

打滚对马来说就像是一次令人身心愉悦的按摩！

蹄铁匠到底是做什么的？

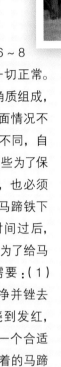

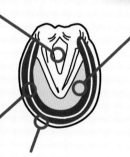

蹄铁匠或称为修蹄匠大约6~8周会来一次，检查马蹄是否一切正常。马蹄就像我们的指甲一样，由角质组成，并且会一直生长。马行走的路面情况不同，马蹄的磨损程度也会有所不同，自然就必须进行修理。即使是那些为了保护马蹄，已经钉了马蹄铁的马，也必须去蹄铁匠那儿修理马蹄。因为马蹄铁下面的角质会继续生长，一段时间过后，原来的马蹄铁就不再合适了。为了给马重新钉一个合适的马蹄铁，需要：（1）将旧的拆下；（2）把蹄子弄干净并锉去角质；（3）新的铁器要一直烧到发红，这时趁热打铁，用锤子敲打出一个合适的马蹄铁；（4）蹄铁匠把还热着的马蹄铁钉到马蹄上；（5）用钉子把马蹄铁固定好。

马在钉新的马蹄铁时并不会感到疼痛，因为钉子只会打在马蹄没有神经的地方。

蹄叉

蹄叉由软角质组成，呈"V"字形。它能保护马蹄内部。

蹄底

蹄底位于蹄叉和蹄壁之间，也是由角质组成。蹄底的边缘比中间厚。

马蹄铁

并不是所有的马都需要钉马蹄铁，但是如果一匹马长期在坚硬的路面奔跑，马蹄铁会起到保护作用。

蹄壁

马蹄的边缘就是蹄壁。

骑乘前后都必须仔细检查马蹄。

不可思议！

马蹄也是有生命力的！它虽然由角质组成，但绝不是僵硬、没法活动的。马蹄就像一个减震器，缓解来自路面的冲击。图中马蹄的白色区域没有神经，马蹄铁正是按照这片白色区域为马量身打造的！

我要 去骑马!

骑马很有趣，但也一定要让你的马为出行做好准备。如果你已经给马做过清洁，那你就可以给它装马鞍、套马笼头了。骑马外出前，你应再次检查一下装备：所有的皮带、缰绳是否都到位？还有一点可别忘了，任何时候外出骑马都要戴头盔！两人一起外出骑行总是要比独自一人安全点儿。不过即使是你们两人一起，也应该携带一部手机，然后告诉某个人你计划好的骑行路线，以便在你们遇到紧急情况时，有人知道你们在哪儿。

一切就位？那就出发吧！

外出骑行一般是从一段 10～15 分钟的慢走开始，这样你和你的马可以慢慢来热个身。如果地面软硬适中，那你之后也可以在路上小跑或者飞奔起来。但请注意不要让你的马跑得过快！如果想让马飞奔起来，最好选在林间上坡路段——下坡太容易打滑，而草地上一望无际的景色会使得马儿忘乎所以。同样，在留茬地里骑马也很流行，但这些地都属于私家田地，不是每个农民都喜欢你这样做。

什么是被允许的？

大多数时候你只能在指定的骑行道上骑行。你需要事先咨询一下具体规定，因为每个地方对骑马的规定都不一样。如果你在马路上骑行或者要穿越马路骑行，那就要像自行车一样遵守道路交通规则。人行道对骑手来说永远都是禁地！

马鞍应仔细安放，确保皮带会落在马的肩胛骨后三指宽的位置上。鞍垫放平整，不要有褶皱，也不要把它放在马肩隆的位置上。

先把皮带小心拉紧，然后上马前记得再次拉紧它。

马笼头最好从左边开始戴。你需要把马笼头两边的绳子小心地套在马的耳朵上，再束紧鼻羁，最后将马笼头调整至合适位置。

所有的步骤都照做了吗？现在你不需要再拉紧什么东西了，你的马能自由呼吸啦！

大功告成！如果你现在正坐在马上，那么你可以利用你身体的重量、夹紧的双腿还有辅助缰绳来正确地驭马！玩得开心！

名词解释

骝色马：骝色马拥有黑色的鬃毛和尾巴，身上的被毛则为棕色。

栗色马：栗色马的鬃毛、尾巴同身体颜色一样，都为棕色。我们以此来分辨栗色马和骝色马。

斑点马：被毛由不同颜色的大斑点组成的马。

黑　马：被毛为黑色的马。

白　马：一种白色或灰白色的马。灰斑白马身上带有灰白色斑点，还有的白马身上带有棕色的斑点。

胎　记：马头部或腿部的白色斑点。

白　斑：马头上连贯的白色胎记。

虎　斑：指的是马的深色被毛上带有的白色斑纹。这种斑纹非常罕见。

野性标记：马腿上的精美条纹，类似斑马身上的斑纹。常能在浅棕色马的身上看到。

附　蝉：马腿上的角质物。

马　蹄：马的蹄子，跟我们的手指甲一样，由角质组成。马蹄会不断生长。

马　尾：马的尾部。

鬐甲（马肩隆）：马背上的最高点。通常人们通过测量鬐甲到地面的高度来确定马的体高。

体　高：马的高度，马的鬐甲到地面的距离。

前　躯：马身体的一部分，包括头、前腿和肩。

中　躯：马身体的一部分，包括背、胸和腹。

后　躯：马身体的一部分，包括马的后腿和尾巴。

公　马：雄性的马。

母　马：雌性的马。

骟　马：被阉割过的雄性马，也叫阉马。

马　驹：经过11个月胎中发育后来到这个世界的马宝宝。母马通常一胎只产一只马驹。

驴　骡：母驴和公马杂交所生。

马　骡：公驴和母马杂交所生。

冷血马：高大健壮、性情安静温和的工作用马。

温血马：充满活力的一种马，常作为盛装舞步或者运动比赛用马。

始祖马：始祖马是所有马科动物，包括驴、斑马的祖先。它们也被称为"似蹄兔兽"。

野　马：未被驯服的马，比如生活在德国的迪尔门野马。

普氏野马：一种按照始祖马原型培育出的马。

纯种马：优雅迷人、热情奔放的马种，常用于赛马比赛。

法拉贝拉：世界上最小的一种马。

矮种马：体高不及149厘米的马。

夏尔马：世界上最大的一种马。

基本步态：慢步、快步、跑步。

慢　步：马的三种基本步态中最慢的一种。马的四条腿会有节奏地依次踏在地上。

快　步：中等速度的一种步态。马位于对角线上的两条腿同时迈出。

跑　步：马的基本步态中最快的一种。这个步态是三拍步伐，有一个起跳的阶段。

飞　跑：冰岛马特有的步态，速度快且步伐流畅。

溜　蹄：冰岛马特有的一种步态。这种步态会让骑手觉得很舒服。

围　场：有活动空间的开放式马场。

迷你障碍：较矮的一些障碍，这些障碍能帮助马学习跳跃。

障碍物跑道：比赛中有障碍设置的路段。

马背体操：在马背上做的体操运动。

盛装舞步：马的体操表演。

帕沙齐：盛装舞步中的一种舞步。

皮埃夫：盛装舞步中的一种舞步。

急向后转：西部马术中的动作。

滑　停：西部马术中的动作。

急　转：西部马术中的动作。

图片来源说明 /images sources：

Agentur SORREL：19 左下，25 右上，25 右下，38-39，46 上中，右中，正中，右下；Behling, Silke：2 左下，4-5；Boiselle：9 右中，21 左中，24 右上，39 右下；Brandstetter, Johann：2 右下，9 右上；Corbis：32 右上（Marilyn Angel Wynn/Nativestock Pictures）；Hofmann, Marta：18 右下（Marta Hofmann-Ptak）；picture alliance：15 左中（Olympische Spiele/dpa-Fotoreport），15 右下（Keystone/Röhnert），30 右上（NHPA/photoshot Andy Rouse），39 右上（Lothar Lenz/ Okapia）；Pixelio：7 左下（Kurt F. Dominik）；Rialtofilm：14 右上；Sabine Stuewer TIERFOTO：12 左中，13 右中，13 中，13 中，30 左下，30 中下，30 右下，31 左下，34 右中；Shutterstock：2 左上（Zuzule），2 右中（Lisovskaya Natalia），3 右上（Lenkadan），4-5（David M. Schrader），6-7（Jeanne Provost），7 左上（Jeanne Provost），8 右上（Gumpa），8-9，14-15，26-27，40-41，46(Roberaten)，9 中左（loflo69），12-13(Abramova Kseniya)，18-19(jessicakirsh)，19 右中 (Cheryl Ann Quigley)，20 右上 (Zuzule)，20-21(Lisovskaya Natalia)，21 右中 (No:veau)，22 中上 (Olga_i)，22 右下 (Ainars Aunins)，22-23(Csati)，23 右中 (E.Spek)，26 中上 (Eric Isselee)，26-27 右中 (Rowena)，27 左上 (Alzay)，27 右上 (Sari ONeal)，29 右下 (Lenkadan)，29 右上 (risteski goce)，31(Eduard Kyslynskyy)，32 左下 (CHEN WS)，32-33(TTstudio)，34 中下 (pirita)，37 右中 (muzsy)，40 右上 (Ventura)，44 左下 (Zuzule)，45 中上 (aabeele)，45 正中 (JP Chretien)，45 左上 (JP Chretien)，45 右中 (JP Chretien)；Slawik(代理商：Horses4U)：1，3 右中，10 右中，10-11 左上，11 右下，11 右上，13 右上，16 左下，16 右下，18 右中，18 右下，19 左上，19 右上，20 右下，21 右上，22 右下，23 左上，23 右上，23 左中，26 正中，28 左中，28 中，28 右上，28 下，29 左下，29 右下，33 右下，33 右上，36 左上，36-37 中下，37 左中，38 右上，38 右下，39 右上，40 中下，41 右，41 中上，41 左下，42 右上，42 左下，43 右上，45 右下，47 左上，47，48 右上；Sol90images，24 左，25 右，29 中，39 中，45 中；Thinkstock：11 右上 (cynoclub)，11 右中 (jan middelveld)，15 左上 (Corey Ford)，16-17(Zuzana Burakova)，19 右 中 (Alexia Khruscheva)，20 左 中 (Martina Berg)，20-21(Jochen Schoenfeld)，24-25(Andre Helbig)，26 右中 (tatyanamirra)，27 右下 (Eric Isselee)，31(Ingram Publishing)，34 右上 (Jupiterimages)，35 左上 (Alan Egginton)，35(Design Pics)，36 左 下 (Mikhail Kondrashov)，42-43(Jupiterimages)，44 左上 (Stockbyte)，44 右中 (Magdalena Jankowska)；Wikipedia：14 左下 (Public Domain/Seabiscuit Heritage Foundation)，14 右下 (Public Domain/ Karl Krall)，15 右上 (CC BY 3.0/Roland Hitze)；Zieger, Reiner：8 右中

封面图片：Shutterstock：封 1(mariait)；Slawik（代理商：Horses4U)：封 4

设计：independent Medien-Design

内 容 提 要

本书向读者介绍了马的起源、种类、骨骼特征以及马与人类的关系,还介绍了赛马的历史。全书内容丰富,知识有趣,为孩子了解人类的好伙伴——马,打开了一扇奇妙的窗。《德国少年儿童百科知识全书·珍藏版》是一套引进自德国的知名少儿科普读物,内容丰富、门类齐全,内容涉及自然、地理、动物、植物、天文、地质、科技、人文等多个学科领域。本书运用丰富而精美的图片、生动的实例和青少年能够理解的语言来解释复杂的科学现象,非常适合 7 岁以上的孩子阅读。全套图书系统地、全方位地介绍了各个门类的知识,书中体现出德国人严谨的逻辑思维方式,相信对拓宽孩子的知识视野将起到积极作用。

图书在版编目(CIP)数据

马的生活 /(德)吉尔柯·贝林著 ; 马佳欣,刘青译 . -- 北京 : 航空工业出版社,2022.10(2023.10 重印)
(德国少年儿童百科知识全书 : 珍藏版)
ISBN 978-7-5165-3029-0

Ⅰ . ①马… Ⅱ . ①吉… ②马… ③刘… Ⅲ . ①马—少儿读物 Ⅳ . ① Q959.843-49

中国版本图书馆 CIP 数据核字(2022)第 075182 号

著作权合同登记号
图字 01-2022-1313

PFERDE Von frechen Fohlen und wilden Mustangs
By Silke Behling
© 2013 TESSLOFF VERLAG, Nuremberg, Germany, www.tessloff.com
© 2022 Dolphin Media, Ltd., Wuhan, P.R. China
for this edition in the simplified Chinese language
本书中文简体字版权经德国 Tessloff 出版社授予海豚传媒股份有限公司,由航空工业出版社独家出版发行。

马的生活
Ma De Shenghuo

航空工业出版社出版发行
(北京市朝阳区京顺路 5 号曙光大厦 C 座四层   100028)
发行部电话 : 010-85672663   010-85672683
鹤山雅图仕印刷有限公司印刷   全国各地新华书店经售
2022 年 10 月第 1 版   2023 年 10 月第 2 次印刷
开本 : 889×1194   1/16   字数 : 50 千字
印张 : 3.5   定价 : 35.00 元